哺乳动物

[英] 约翰 · 艾伦/著　　高歌　沉着/译

甘肃科学技术出版社

失去孩子的疣猪妈妈常常会主动抚养别的小疣猪。

目 录
Contents

什么是哺乳动物？

让我们从这里开始探索哺乳动物的成长历程，认识各种有趣的哺乳动物，了解它们的生命周期。

哺乳动物是一种恒温动物，它们的体温基本保持不变，不受外界环境的冷热变化影响。

哺乳动物身上长有毛发。大象是一种毛发稀少的哺乳动物，在它的大耳朵里和长鼻子里也有毛发。

大部分哺乳动物都是胎生，幼崽一出生就可以活动。母亲用体内的乳汁喂养幼崽，这种行为称为哺乳。

你知道人类也是哺乳动物吗？

哺乳动物的体形可以像一只小嘴狐猴一样小，也可以像一头大象那样庞大。

趣味小知识

蝙蝠是唯一一种可以主动飞行的哺乳动物。

哺乳动物的栖息地

趣味小知识

非洲大草原上生活着许多哺乳动物，狮群常在白天睡觉，夜晚天气凉爽时捕猎。

栖息地是指适宜动物生存和繁衍的地方。有些哺乳动物栖息在炎热的沙漠中，有些则生活在天寒地冻的两极地区。鲸鱼和海豹也是哺乳动物，它们生活在广阔的海洋中。

海豹是哺乳动物，它们生活在寒冷的两极海域。

热带雨林的气候炎热潮湿，生长着各种植物。这里是猴子、大猩猩和树懒等哺乳动物的栖息地。

倒挂在树枝上的树懒。

草原上的气候干燥炎热。犀牛、大象、狮子和狐獴等哺乳动物都栖息在辽阔的非洲大草原上。

肉食类哺乳动物

以肉类为食的动物被称为食肉动物。这类哺乳动物依靠锋利的牙齿和爪子捕食猎物。以捕食其他动物为生的动物被称为捕食者。

老虎和猎豹等大型猫科动物都是食肉动物。

趣味小知识

虎鲸也被称为杀手鲸，因为它们经常猎食海豹、企鹅和其他鲸类。

有时，虎鲸会乘着海浪冲上沙滩捕食猎物，然后随海浪回到大海中。

大食蚁兽用自己的长鼻子和又长又黏的舌头把各种昆虫卷入口中。

这只长耳蝙蝠正在捕食飞蛾。

蝙蝠属于夜行动物。它们白天睡觉，夜晚捕猎。

捕猎时正在全力冲刺的猎豹

一只全速奔跑的猎豹，速度可高达119千米/时。

飞奔的跳羚能够躲过猎豹的捕杀吗？

草食类哺乳动物

以植物为食的动物被称为食草动物。它们以树叶、草根、水果或花朵为食。这些哺乳动物都有自己独特的进食方法。

趣味小知识

河马用宽大的嘴唇咬住青草，用力甩头把草连根拔起。

河马主要生活在非洲。它们白天泡在河水里乘凉，日落后上岸吃草。

树袋熊几乎终生都在桉树上度过，基本只吃一种食物——桉树的叶子。这种树生长在树袋熊的家乡澳大利亚。

树袋熊在桉树林里进食和睡觉。

疣猪能用强壮的口鼻部拱开坚硬的地面，寻找鲜美的草根。

非洲疣猪生活在辽阔的大草原上。

当妈妈遇到爸爸

雄性灰熊不仅不会照顾小熊，有时甚至会攻击小熊。

有些哺乳动物交配后雌性和雄性会一同养育幼崽；另一些哺乳动物在交配后则由雌性单独或结伴照顾幼崽。

雄性虎鲸成年后，会与其他鲸群中的雌鲸交配。然后返回自己的族群与母亲一起生活。雌鲸留在自己的族群中独自养育幼鲸。

一对虎鲸在海中亲密地一起游来游去——就像在跳舞一样！

趣味小知识

虎鲸一生都与妈妈生活在一起。它们生活的族群被称为鲸群。

雌狐獴和雄狐獴结为伴侣并组建族群。整个族群中，只有它们可以生育后代。

雄疣猪常通过搏斗争夺与雌性交配的权利。

在与雌疣猪完成交配后，雄疣猪就会离开。成年雄疣猪喜欢单独活动。

哺乳动物的生命周期

生命周期是指动物或植物在其整个生命过程中经历的不同阶段和各种变化。这个示意图展示了哺乳动物的生命周期。

幼狮

1 雌性哺乳动物每次产下一只或多只幼崽。

狮子的生命周期

6 成年后，雄性哺乳动物开始寻找雌性进行交配。

5 有些哺乳动物成年后依然留在族群中生活。有些则会离开族群独立生活。

狮子是
食肉动物。

2 雌性哺乳动物用乳汁喂养幼崽。

大部分哺乳动物的生命周期都会经历这些阶段。

3 哺乳动物中，母亲负责照顾幼崽，有时父亲也会帮忙。

4 哺乳动物教给幼崽捕猎和觅食的本领。年幼的食肉动物在互相打闹中练习捕食技巧。

蝙蝠

蝙蝠每年只繁殖一次。成百上千只雌性蝙蝠会聚集在洞穴或建筑物中等待分娩。

蝙蝠幼崽们出生后留在母亲身边，形成一个庞大的群体，这个群体所生活的地点也叫哺育栖息地。

经过 10~14 周的时间，蝙蝠幼崽就可以独立飞行，往返于树林和栖息地之间了。

蝙蝠妈妈熟悉幼崽的气味和叫声，它可以从成百上千只蝙蝠中认出自己的孩子。

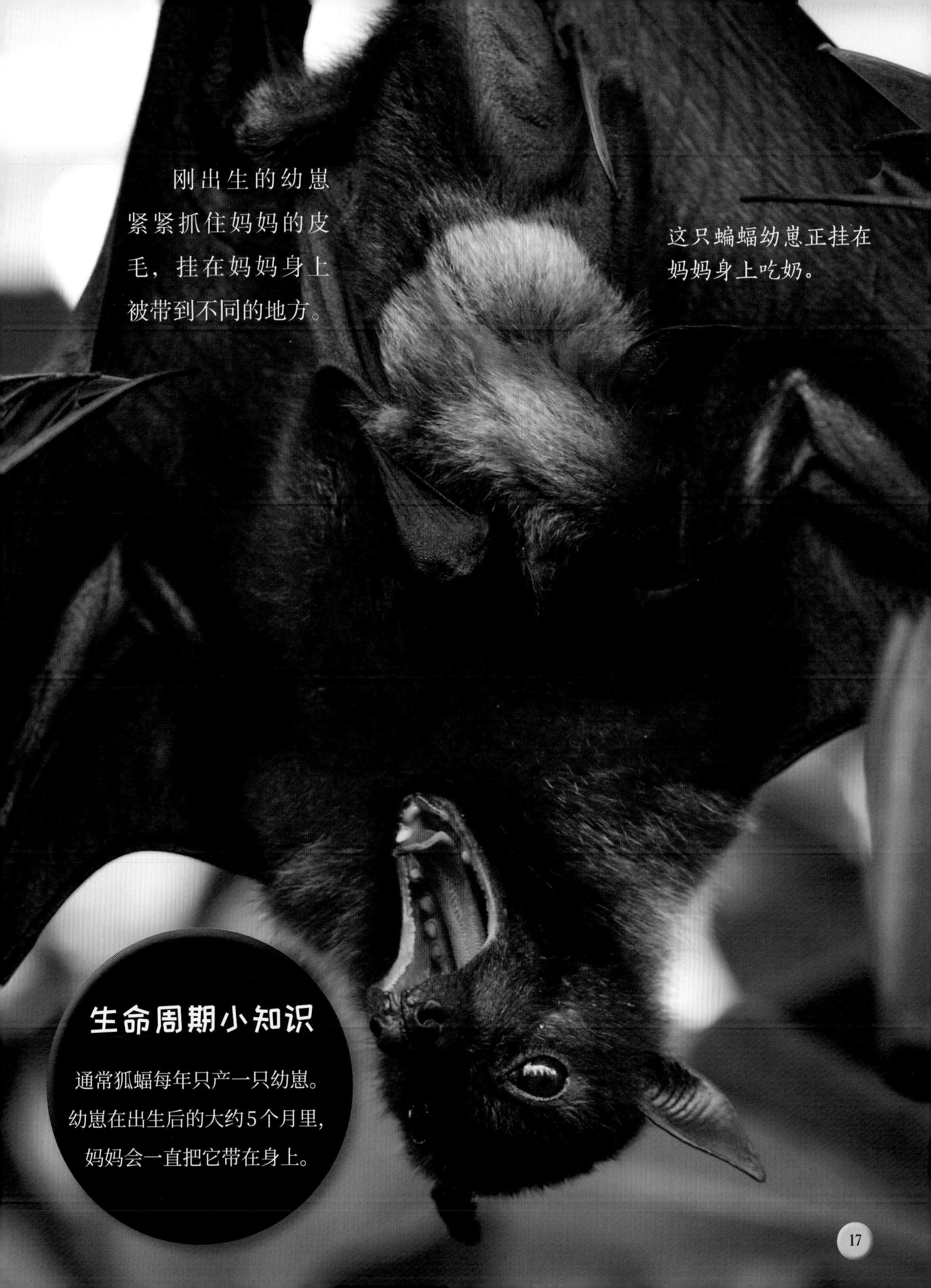

刚出生的幼崽紧紧抓住妈妈的皮毛，挂在妈妈身上被带到不同的地方。

这只蝙蝠幼崽正挂在妈妈身上吃奶。

生命周期小知识

通常狐蝠每年只产一只幼崽。幼崽在出生后的大约5个月里，妈妈会一直把它带在身上。

大食蚁兽

大食蚁兽主要分布在南美洲，栖息于森林或草原地带。它们喜欢独来独往，只有交配时才待在一起。

这只大食蚁兽伸出长长的舌头，从倒下的树干中卷食昆虫。

雌性大食蚁兽分娩时通常保持后腿站立的姿势。

短短几个月后，幼崽就能在妈妈的背上跳上跳下了。两岁以前，幼崽都和妈妈待在一起。

生命周期小知识

大食蚁兽的孕期长达190天。从3岁开始，雌性食蚁兽就可以受孕了。

如果幼崽不小心从背上摔了下来，它会发出咕噜咕噜的叫声提醒妈妈。

趣味小知识

大食蚁兽的幼崽一生下来就长着皮毛和锋利的爪子。它会爬到妈妈背上，让妈妈用舌头把自己清理干净。刚出生到6个月的幼崽以母乳为食。

虎鲸

虎鲸宝宝也被称为幼鲸，它们在水下出生，出生时尾部在前。刚出生的幼鲸长度可达 2.4 米。

一只幼鲸跃出海面，好奇地注视着观鲸船。船上的游客都是专程来观看鲸鱼活动的。

虎鲸妈妈教幼鲸捕食的本领。

虎鲸家族的成员们通过咕噜声、口哨声和尖叫声进行交谈。幼鲸需要经过学习才能发出这些声音。

大部分虎鲸族群拥有约30名成员。

幼鲸出生后，虎鲸妈妈会用鱼鳍和鼻子引导它浮出海面，呼吸第一口空气。

生命周期小知识

虎鲸的孕期长达15~18个月。雌性虎鲸15岁就可以受孕了。

狐獴

狐獴是群居动物，它们的族群由雌性、雄性和幼崽组成。它们喜欢生活在地下洞穴中。

狐獴双眼周围的黑色圆圈可以保护眼睛不被强烈的阳光伤害。

生命周期小知识

狐獴的孕期大约 75 天。雌性狐獴从 1 岁起就可以受孕了。

成年狐獴轮流进行捕猎和照看幼崽。

一个月大的狐獴就可以开始学习捕猎技巧了。每只幼崽跟随一只成年狐獴学习捕猎的本领。

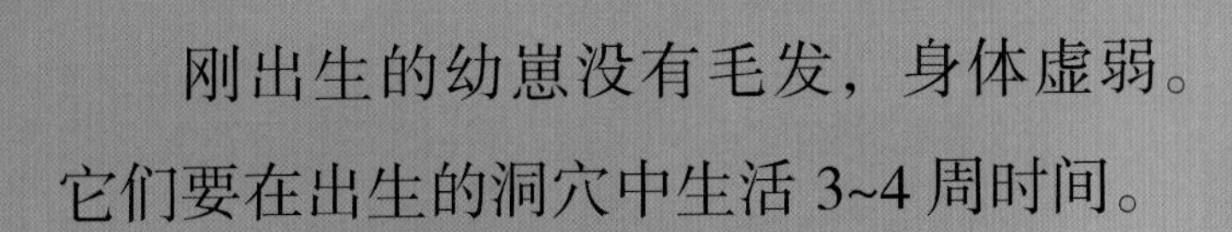

刚出生的幼崽没有毛发，身体虚弱。它们要在出生的洞穴中生活 3~4 周时间。

这只狐獴妈妈正在给幼崽喂奶，它们刚刚出生 9 天。

狐獴后腿着地上身直立……密切关注着捕食者的行踪，比如老鹰。

神奇的哺乳动物

疣猪

疣猪独居或成群穴居，善于挖洞。雌性疣猪每次在地下洞穴产下 2~3 只小疣猪。疣猪宝宝长到约 2 周大时就会离开洞穴。

生命周期小知识

疣猪的孕期为 6 个月。雌性疣猪 18 个月大时就可以受孕了。

刚出生的疣猪宝宝没有獠牙。獠牙随着疣猪宝宝一同长大。

刚出生的疣猪宝宝不能遇水受凉。它们睡在洞穴深处的高台上，那里环境干燥。

疣猪会用锋利的獠牙与捕食者搏斗，比如狮子。雌性疣猪和雄性疣猪都有獠牙。

刚出生到 4 个月的疣猪宝宝以母乳为食。雄性疣猪约 2 岁前几乎都和母亲生活在一起，雌性疣猪 18 个月大时就开始了独立生活。

神奇的哺乳动物

河马

河马是一种半水生哺乳动物，通常栖息在浅湖、河流或沼泽中。河马喜欢群居生活，每个河马群都是一个族群。

生命周期小知识

河马的孕期约为 8 个月。一般雌性河马从 9 岁开始就可以受孕了。

小河马通常在河边的浅水中出生。河马妈妈会立刻把刚出生的小河马托出水面，帮它呼吸。

大部分成年河马一直留在它们出生的族群中。成年雄性河马在 20 岁左右开始建立自己的族群。

一只成年河马的体重约为 2~2.5 吨，是陆地上仅次于大象的第二大哺乳动物。

出生后的几周里，河马妈妈会带着小河马离开族群生活。这样可以防止族群中其他成年河马无意中伤害到小河马。

趣味小知识

小河马有时在妈妈背上休息。在炎热的天气里，小河马经常滑入河水中降温，然后再爬回妈妈背上。

树袋熊

树袋熊，又被称为考拉，属于有袋类动物。考拉妈妈的肚子上有一个育儿袋，就像一个口袋，小考拉就住在这个袋子里。

刚出生的考拉体形很小，没有毛发，眼睛看不见东西，耳朵也听不到声音。它摸索着爬到育儿袋里，吮吸妈妈的乳汁。

小考拉的皮毛、耳朵和眼睛不断生长，它的体形也越来越大。当长到6~7个月大时，小考拉就能骑在妈妈背上了。

约1岁时，小考拉会离开妈妈独自生活。因为通常这时妈妈又产下了一只新的考拉宝宝。

生命周期小知识

考拉的孕期大约35天。从2岁开始，雌考拉就可以受孕了。

奇妙的大自然

大部分的哺乳动物都由雌性负责养育后代。妈妈们给宝宝喂奶并教会它们捕食的本领。然而，年幼的哺乳动物踏上各自生存之路的方式却各不相同。

雌性北极熊整个冬天都躲在洞穴里冬眠。它们在洞穴里产下熊宝宝。

趣味小知识

刚出生的北极熊幼崽长约30厘米。它们紧闭双眼，粉色的身体上没有毛发。

北极熊的洞穴被冰雪覆盖。

刚出生的长颈鹿高度可以达到 *1.8* 米。

雌性鸭嘴兽每次产 2~3 枚卵，它们的卵像葡萄一样大。孵化期约 12 天。

趣味小知识

与其他哺乳动物完全不同的是，鸭嘴兽是卵生的！

长颈鹿是世界上现存最高的陆生动物。雌性长颈鹿喜欢站着分娩，小长颈鹿一出生就要从两米高的地方落到地面。

图书在版编目（CIP）数据

我的第一套动植物百科全书．1，哺乳动物 /（英）约翰·艾伦著；高歌，沉着译．-- 兰州：甘肃科学技术出版社，2020.11
ISBN 978-7-5424-2652-9

Ⅰ．①我… Ⅱ．①约… ②高… ③沉… Ⅲ．①哺乳动物纲－儿童读物 Ⅳ．① Q95-49 ② Q94-49

中国版本图书馆 CIP 数据核字（2020）第 229143 号

著作权合同登记号：26-2020-0103

Amazing Life Cycles - Mammals

First published 2020 by Hungry Tomato Ltd.

Simplified Chinese edition arranged by Inbooker Cultural Development (Beijing) Co., Ltd.

我的第一套动植物百科全书(全6册)

300多幅高清彩图 40多种物种范例

让我们从这里走进神奇的动植物世界，

认识各种有趣的物种，探索它们的生命奥秘……